Dominik Di Vincenzo

Aus der Reihe: e-fellows.net stipendiaten-wissen

e-fellows.net (Hrsg.)

Band 443

Elektrolyse - Hofmannscher Apparat: Ausarbeitung des Physikalischen Praktikums

GRIN Verlag

Bibliografische Information der Deutschen Nationalbibliothek:

Die Deutsche Bibliothek verzeichnet diese Publikation in der Deutschen National-
bibliografie; detaillierte bibliografische Daten sind im Internet über http://dnb.d-
nb.de/ abrufbar.

Impressum:

Copyright © 2011 GRIN Verlag GmbH
Druck und Bindung: Books on Demand GmbH, Norderstedt Germany
ISBN: 978-3-656-21078-8

Fakultät für
Wirtschaftsingenieurwesen

Elektrolyse – Hofmannscher Apparat

Ausarbeitung des Physikalischen Praktikums

Physik-Praktikum, WS 2011/2012, Gruppe WI 3Tec/Inf

27. November 2011

Teilnehmer Gruppe B2:

Dominik Di Vincenzo (Protokollführer und Auswertung)

Heidi Blankenhagen (Kontrolleurin)

Alexander Harlass (Experimentator)

Bearbeitet von Dominik Di Vincenzo

Inhaltsverzeichnis

Physikalische Konstanten (PK)

Damit die Lesbarkeit im Fließtext gewahrt bleibt und für eine bessere Übersichtlichkeit, werden die wichtigsten im Versuch verwendeten Physikalischen Konstanten hier aufgelistet. Die Zahlenwerte sind aus den im Literaturverzeichnis besagten Quellen entnommen.

Naturkonstanten

Konstante	Symbol	Zahlenwert
Elementarladung	e	$1,6021765 \cdot 10^{-19}\,C$
Avogadro-Konstante	N_A	$6,022142 \cdot 10^{23}\,mol^{-1}$
Faraday-Konstante	$F = N_A \cdot e$	$9,6485338 \cdot 10^{4}\,C \cdot mol^{-1}$
Ideale Gaskonstante	R	$8,31447\,J \cdot mol^{-1}\,K^{-1}$
Fallbeschleunigung-München	$g_{Mü}$	$9,80733\,m \cdot s^{-2}$
Elektrische Feldkonstante[1]	ϵ_0	$8,854187817 \cdot 10^{-12}\,As/V \cdot m$

Stoffspezifische Konstanten

Konstante	Symbol	Zahlenwert
Volumenausdehnungskoeffizient Quecksilber	γ	$1,819 \cdot 10^{-4}/1°C$
Dichte Hg bei 0°C und Normaldruck	ρ_0	$13595,1\,kg/m^3$
Molare Masse H_2	M_{H2}	$2,016\,g/mol$
Masse eines H-Atoms	m_H	$1,008\,g/mol$
Permittivitätszahl H_2O	ε_r	$81,6$
Oberer Heizwert für Wasser	h_o	$141974\,J/g$
Ladung eines Ions	Q_i	
Abstand Ionenmittelpunkte	r	

1 Ziel des Versuchs

Unter Zuhilfenahme des Hofmanschen Zersetzungsapparats und dem Anlegen einer Gleichspannung soll eine Dissoziation des destillierten Wassers (H_2O) in die Elemente Wasserstoff (H_2) und Sauerstoff (O_2) hervorgerufen werden, die sogenannte Elektrolyse. Hierbei lassen sich unter anderem das elektrochemische Äquivalent A und daraus die Faraday-Konstante F bestimmen.
Zudem wird der Nutzungsgrad der Elektrolyse von Wasser anhand der Messdaten ermittelt.
Den Studierenden wird im Rahmen dieses Praktikums die Möglichkeit gegeben, ihr Vorwissen aus den Grundlagen zur Physik und Chemie mit einem anschaulichen Versuch zu ergänzen.

2 Physikalische Grundlagen

2.1 Definition Elektrolyse

In Anlehnung an ein physikalisches Lehrbuch ist die Elektrolyse wie folgt definiert :

„Die Zersetzung einer Lösung oder Schmelze durch elektrischen Strom nennt man Elektrolyse. Die leitfähigen Lösungen oder Schmelzen eines Salzes, einer Säure oder Lauge heißen Elektrolyte.“[2]

Durch die Elektrolyse zerfallen die Moleküle der Säuren, Salze oder Laugen in elektrisch geladene Teilchen, die Ionen bezeichnet werden. Dabei handelt es sich um eine erzwungene Reaktion im Gegensatz zu den "freiwillig" ablaufenden Reaktionen in galvanischen Elementen.

2.2 Grundlagen zur elektrischen Leitung in Flüssigkeiten

Der Vorgang der Elektrolyse kann nur dann stattfinden, wenn eine Flüssigkeit leitend ist. Das Hinzufügen eines wasserlöslichen Salzes (z.B. Glaubersalz), einer Lauge oder Säure zu einer Lösung (z.B. Wasser H_2O) ist unabdingbar. Hierzu reichen auch wenige Tropfen aus :

Zersetzung von Natriumsulfat (Glaubersalz)[3] : $Na_2\,SO_4 \rightarrow 2\,Na^+ + SO_4^{2-}$

Der Grund hierfür ist die vergleichsweise miserable spezifische Leitfähigkeit von Flüssigkeiten gegenüber Metallen oder geschmolzenen Salzen. *„Die spezifische Leifähigkeit von destilliertem Wasser, beispielsweise, bewegt sich mit* $\kappa = (0{,}3...1) \cdot 10^{-12}\,\Omega^{-1}cm^{-1}$ *im Bereich von gut isolierenden Glassorten oder Kunststoffen, die keine freien Elektronen aufnehmen und somit auch keine Ladung transportieren können“*[4]. *Obwohl man die spezifische* Leifähigkeit von Metallen nicht einmal ansatzweise tangiert, kann man die Leitfähigkeit des destillierten Wassers durch einen Schwefelsäurenanteil von circa 30% um mehrere Größenordnungen auf maximal $\kappa = 0{,}7\,\Omega^{-1}cm^{-1}$ anheben.

2.3 Prinzip der Wasserzerlegung

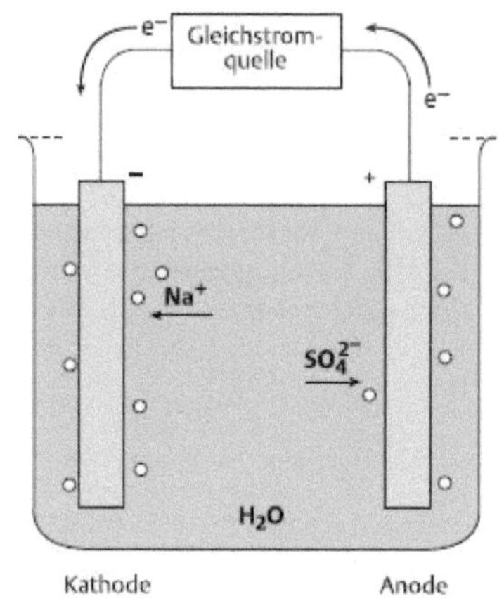

Abbildung 1: Elektrolyse einer Natriumsulfat-Lösung

Die elektrische Leitung in Liquiden ist also auf einen Ladungstransport durch Ionen des Elektrolyts zurückzuführen, welche elektrolytische Leitung genannt wird. Anhand der Abbildung 1 erkennen wir den schematischen Vorgang dieses Ladungstransports in einem mit Wasser gefüllten Glasgefäß. In dieses Gefäß werden zwei Platin- bzw. Kupferbleche, sogenannte Elektroden, eingetaucht und mit einer Spannungsquelle verbunden. Zur Verbesserung der spezifischen Leitfähigkeit (siehe 2.2) wird der Lösung noch Glaubersalz (Na_2SO_4) hinzugefügt. Die im Kristallgitter des Salzes befindlichen Ionen bezeichnet man als *„Kationen : positive Ionen (Na^+), die sich zur negativen Elektrode (Kathode) bewegen,und*

Anionen : negative Ionen (SO_4^{2-}), die zur positiven Elektrode (Anode) wandern."[5]

Die elektrostatische Kraft, die zwischen diesen herrscht, lässt sich nach dem allgemein bekannten *Coulombschen Gesetz (Variablen siehe PK)*

$$F = \frac{Q_1 Q_2}{4\pi\varepsilon_0\varepsilon_r r^2} \tag{2.1}$$

beschreiben. Durch die hohe Permittivitätszahl des Wassers (ε_r = 81,6) wird diese Anziehungskraft aber faktisch aufgehoben, so dass die Ionen in Lösung gehen und dort als bewegliche Ladungsträger fungieren. Man bezeichnet diesen Prozess als Dissoziation.

Diese *„elektrolytische Abscheidung"* [6] bzw. Stromleitung lässt sich anhand nachstehender Ionenströme darstellen[7] :

Spaltung von Wasser :	$2\,H_2O\,(l) \rightarrow 2\,H^+(g) + 2\,OH^-(g)$	(2.2)
Abscheidung des Wasserstoffs an Kathode :	$4H^+ + 4\,e^- \rightarrow 2H_2$	(2.3)
Abscheidung des Sauerstoffs an Anode:	$4\,OH^- \rightarrow 2H_2O + O_2 + 4\,e^-$	(2.4)

Mutipliziert man die Gesamtreaktion aus (2.2), (2.3) und (2.4) mit dem Faktor zwei so erhält man (siehe[8]) :

$$2\,H_2O \rightarrow 2H_2\,(g) + O_2\,(g) \tag{2.5}$$

Damit wird als Ergebnis des Experiments ein Wasserstoff : Sauerstoff – Verhältnis von 2 : 1 erwartet. *„Die Kationen nehmen an der Kathode Elektronen auf, während die Anionen an der Anode durch Elektronenabgabe neutralisiert werden. Auf diese Weise können mittels Elektrolyse Metalle an der Kathode abgeschieden werden"* [9]. Die Bildung eines sog. Niederschlages an der Kathode, welcher aus den Metallionen des unedleren Metalls an einem edlerem Metall darstellt, bezeichnet man als Galvanisierung. In Anlehnung an die Thesis von galvanischen Elementen [10] kann man bei der Elektrolyse im Hofmannschen Apparat des vorliegenden Versuchaufbaus, dessen Elektroden aus demselben Metall bestehen (Stahl), keine Spannung zwischen den Elektroden messen. Aus (2.3) und (2.4) erkennt man, dass aufgrund der Ladungserhaltung ein Gleichgewicht zwischen abgegebenen e⁻ an der Anode und aufgenommen e⁻ an der Kathode besteht.

In diesem Versuch wird nur die Sekundärreaktion an den Elektroden beobachtet. *„Diese hat als Ergebnis der Elektrolyse die Zersetzung des Wassers zur Folge, d.h. Wasserstoffabscheidung an der Kathode und Sauerstoffabscheidung an der Anode.*

Den Zusammenhang zwischen der an einer Elektrode abgeschiedenen Masse und der transportierten Ladung beschreiben die FARADAYschen Gesetze der Elektrolyse" [11], welche Michael Faraday in seinen „Experimental Researches in Electricity"[12] (1831-1839) formulierte.

2.4 Faradaysche Gesetze

Betrachtet man die transportierte Ladung Q in einem Zeitintervall t = $t_2 - t_1$ bei variierender Stromstärke I, so ergibt sich für die Elektrizitätsmenge[13]

$$Q = \int_{t_1}^{t_2} I \, dt \qquad (2.6)$$

Für zeitlich konstante Ströme vereinfacht sich (2.6) zu

$$Q = I * t \qquad (2.7)$$

Damit untersucht man quantitativ die Prozesse der Elektrolyse anhand folgender Gesetze :

2.4.1 Erstes Faradaysches Gesetz

„ Die elektrolytisch abgeschiedene Masse m eines Stoffes ist der elektrischen Stromstärke I und der Zeit t proportional."[14]

$$m = Ä * Q = \text{mit } (2.7) = Ä * I * t \qquad (2.8)$$

Mithilfe (2.8) kann man das elektrochemische Äquivalent Ä bestimmen. Diese Konstante ist zwar typisch für einen Stoff, doch keine unabhängige Naturkonstante wie z.B. die Elementarladung e , da sie von der molaren Masse M sowie der Stoffmenge n abhängig ist. Während des elektrischen Stromflusses im Elektrolyt wird eine Anzahl von N Ionen zwischen den Anschlüssen des Netzgeräts geführt, wobei jedes Ion die Masse m_M besitzt. Die Molekülmasse m_M kann man unter Verwendung der molaren Masse M und der Avogadro-Konstanten (siehe PK) auch darstellen als[15] :

$$m_M = \frac{M}{N_A} \qquad (2.9)$$

Mithilfe der Wertigkeit z eines Ions kann man nun die Ladung aus (2.7) auch folgendermaßen schreiben :

$$Q = N \cdot e \cdot z \qquad (2.10)$$

Setzt man die Gleichung (2.10) in die oben stehende Gleichung (2.8) anstelle des Q ein, so lässt sich das elektrochemische Äquivalent Ä auch so berechnen :

$$Ä = \frac{m}{Q} = \frac{N \cdot m_M}{N \cdot z \cdot e} = \frac{m_M}{z \cdot e} \qquad (2.11)$$

Es ist damit rechnerisch möglich, die Avogadro – Konstante N_A zu beweisen. Dieses wird im Rahmen des Versuchs jedoch nicht gemacht.

Als „Äquivalentmenge"[16] wird das Produkt aus „elektrolytisch abgeschiedener"[17] Stoffmenge n und der Wertigkeit z bezeichnet. Die von der Stoffmenge n übertragenen Elementarladungen entsprechen $N_A \cdot n \cdot z$, somit kann man eine unabhängige Naturkonstante definieren, die sog. Faradaykonstante F.

Die summa summarum geflossene Ladung[18] bestimmt sich zu $Q = z \cdot n \cdot N_A \cdot e$ $\hspace{2em}$ (2.12)

2.4.2 Zweites Faradaysches Gesetz

$$F = \frac{Q}{z \cdot n} = N_A \cdot e = 9,648 \cdot 10^7 \, \frac{As}{kmol} \hspace{3em} (2.13)$$

Die Faraday konstante „gibt die pro Äquivalentmenge zv transportierte Ladung an und ist, weil N_A und e_0 von der Stoffart unabhängig sind, eine unabhängige Naturkonstante."[19] Im Zitat steht das „v" für das „n". Zudem verwendet man „e_0" anstelle des „e" aus dem PK.

Mit den vorliegenden Formeln (2.8) , (2.9) und (2.13) kann man einen Zusammenhang zwischen dem elektrochemischen Äquivalent Ä und der Faradaykonstante F herstellen :

$$\ddot{A} = \frac{M}{z \cdot F} \hspace{3em} (2.14)$$

2.5 Historische Bedeutung der Faradayschen Gesetze

In Anlehnung an den Artikel siehe[20], kann man auf die historische Bedeutung der Elektrolyse schließen. Das Ergebnis des damaligen Experiments war u.a. die Erkenntnis, dass es Ladungsträger geben muss, die den elektrischen Strom als solches über eine Flüssigkeit hinweg transportieren können. Zudem zersetzen sich die Elektroden (benannt durch Faraday) in Teilchen, die sich an der Kathode absetzten. Eine Stütze für die Theorie der Existenz von Atomen. Mit dieser Erkenntnis führte auch L .Galvani diverse Experimente durch. Er setzte verschiedene Metalle als Elektroden ein und beobachtete, dass dadurch die Kathode mit einer metallischen Schicht überzogen wurde (vernickeln, vergolden, versilbern etc.). Das Verfahren wurde nach seinem „Schöpfer" Galvanisieren benannt.

3 Versuchsaufbau

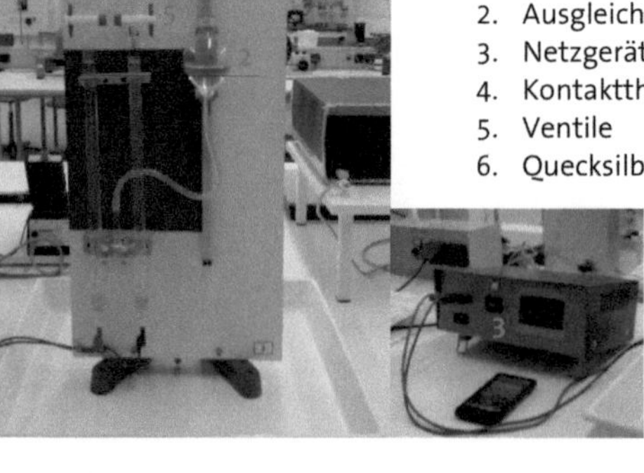

In der untenstehenden Fotoaufnahme erkennt man die komplette Versuchsanordnung für das Experiment Elektrolyse. Die Versuchsdurchführung fand am Aufbau Nummer drei statt.

Die wichtigsten Komponenten sind :

1. Hofmannscher Wasserzersetzungsapparat
2. Ausgleichsgefäß
3. Netzgerät, zugleich Strommessgerät und Stoppuhr
4. Kontaktthermomether für die Glasrohre
5. Ventile
6. Quecksilber - Barometer

Abbildung 2 : Versuchsaufbau

Der Hofmannsche Wasserzersetzungsapparat (1) setzt sich aus drei miteinander kombinierten Glass-Kolben zusammen. In der vorliegenden Anordnung befinden sich linker Hand zwei parallel angeordnete Messröhren, welche über einen Kunststoffschlauch mit einem rechter Hand situierten Rundkolben, dem Ausgleichsgefäß (2), verbunden sind. Am oberen Ende der Messröhren befinden sich jeweils ein Ventil zum Gasablass bzw. –einlass. Die Gasauffangröhren weisen eine Skalierung auf, damit das freigesetzte Gasvolumen bestimmt werden kann. Die Ventile sind anfangs geöffnet, damit man die Flüssigkeitsspiegel zu Versuchsbeginn in den beiden Glasgefäßen auf die gewünschte Höhe einstellen kann. Das Ausgleichsgefäß ist so an einer Schiene befestigt, dass man es entlang jener vertikal verschieben kann. Zwei Stahlelektroden befinden sich am unteren Ende der Rohre in der stromleitenden Flüssigkeit. Über zwei Kabel stehen diese mit dem Netzgerät (3) in Kontakt, wobei eine Elektrode mit dem Pluspol (rotes Kabel) und die andere mit dem Minuspol (blaues Kabel) verbunden sind. Durch das Betätigen eines Kippschalters an der Rückseite des Netzgerätes, liegt eine Spannung an dem Gerät an. Sobald man einen weiteren Kippschalter auf der Vorderseite umlegt, ist der Stromkreis geschlossen. Die Elektrode am Pluspol wird dann zur Anode, wohingegen die Elektrode am Minuspol zur Kathode wird. Auf der Vorderseite des Netzgerätes befinden sich zwei Displays. Durch Drücken eines Knopfes neben der kleineren Anzeige beginnt eine Stoppuhr die Zeit (s) aufzunehmen. Indem man den größeren Display betrachtet, kann man die Stromstärke (mA) ablesen.

4 Versuchsdurchführung und Auswertung

4.1 Versuchsdurchführung

Das Experiment Elektrolyse wird mithilfe eines Hofmannschen Wasserzersetzungsapparats durchgeführt. Der zugrunde liegende Versuchsaufbau ist im Kapitel 3 veranschaulicht.
Damit Aussagen zur Entstehung der Gasvolumina von Sauerstoff und Wasserstoff gemacht werden können und zur besseren Interpretation der Skala auf den Glasröhren, bewegt man das Ausgleichsgefäß solange entlang der Schiene, bis das Niveau der Flüssigkeitsspiegel in beiden Messröhren kongruent zum Niveau der zwei geöffneten Ventile sind.

Das Öffnen der Ventile ist eine notwendige Bedingung, um einen Gasaustausch der Röhren mit der Umgebung zu ermöglichen. Bei geschlossenen Ventilen verhält sich die Versuchsanordnung wie ein geschlossenes System, für das nach dem Boyleschen Gesetz gilt[21]

$$p \cdot V = const.$$

Sobald man den genannten Status erreicht hat, werden die Ventile vorsichtig geschlossen. Daraufhin startet man den Versuch durch Betätigen des Kippschalters auf dem Netzgerät. An den umgehend aufsteigenden Gasbläschen, die in beiden Steigrohren getrennt voneinander aufgefangen werden, kann man die Initialzündung für die Elektrolyse erkennen. Durch das Anlegen des elektrischen Stroms zersetzt sich das Wasser über der Kathode und Anode so, dass man die Bildung von Wasserstoff- und Sauerstoffgas gemäß der Reaktionsgleichung (2.5) beobachten kann. Am Strommessgerät wird dabei die elektrische Stromstärke I im geschlossenen Stromkreis aufleuchten und die Stoppuhr beginnen, die Zeit aufzuzeichnen. Die Messung findet unter Normbedingungen statt, daher muss das an der Skala abgelesene Gasvolumen nicht mit der Gasgleichung umgerechnet werden. Jedoch sind Schwankungen der elektrischen Stromstärke zu erwarten, weshalb in einem definierten Zeitintervall $\Delta t = 30s$ die Stromstärke in der Elektrolysezelle abgelesen und im Versuchsprotokoll notiert wird.

Der elektrochemische Effekt der Wasserzersetzung wird im Laufe des Experiments durch den Anstieg der Temperatur in den Glasrohren, d.h. der Elektrolytlösung und der Gase, unterstützt. Die elektrische Stromarbeit $U \cdot I \cdot t$ [VAs] führt zu einer Erwärmung, siehe Kapitel 6. Man kann hierbei aber feststellen, dass die sich die Temperatur nach einem Zeitintervall von $\Delta t_0 \approx 300s$ auf die Raumtemperatur von 23°C einpendelt. Aus dem Verlauf der Stromstärke über die Zeit lässt sich die bei der Elektrolyse transportierte Ladung mithilfe (2.6) proportional zur trapezförmigen Fläche in einem I(t)- Diagramm approximieren. Die Stromstärke I(t) verhält sich im Laufe des Elektrolyse-Prozesses quasi-linear. Der Versuch soll gemäß Anleitung solange fortgesetzt werden, bis das Wasserstoffgas im Steigrohr auf Kathodenseite ein Volumen von $\approx 25 - 30$ ml erreicht hat. Dieses liest man durch Verschieben des Ausgleichsgefäßes auf das Niveau des gewünschten Gasvolumens (z.B. auf Höhe der Kathodenseite) ab.

4.2 Auswertung der Messwerte

4.2.1 Berechnung der transportierten Ladung

Wie im Kapitel 4.1 beschrieben wird die bei der Elektrolyse geflossene Ladung mithilfe einer Stoppuhr und einem Strommessgerät protokolliert. Man geht zunächst vereinfachend davon aus, dass die elektrische Stromstärke I innerhalb der 30 Sekunden konstant bleibt. Die dabei bewegte Ladung bestimmt man gemäß der Formel (2.6) zu

$$Q_{Ges} = \int_{t_1}^{t_2} I\, dt \tag{4.0}$$

Die im vorliegenden Experiment bewegte Ladung war $Q_{Ges} = 162,405$ C (siehe Anhang).

Dieses Ergebnis wird anschaulich im folgenden Plot dargestellt. Dabei ist Q_{Ges} die von den Messpunkten und dem 1. Quadranten orange eingeschlossene Fläche. Das Zeitintervall $\Delta t = t_2 - t_1$ wird durch jeweils zwei vertikale Linien begrenzt.

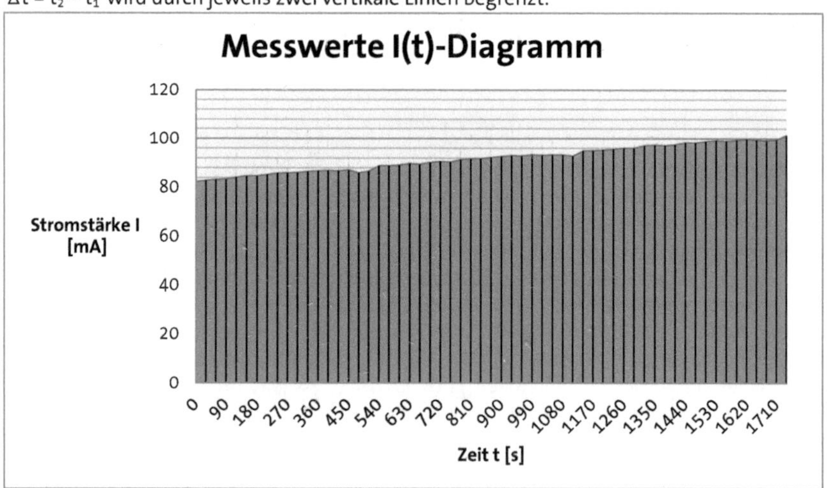

Tabelle a : Gesamtladung

4.2.2 Berechnung des Luftdrucks p_{Luft}

Im Experiment werden nach Beendigung der Versuchsdurchführung die entstandenen Volumina der Gase Wasserstoff und Sauerstoff durch Ablesen am Messrohr bestimmt.
Zu diesem Zeitpunkt war die Raumtemperatur am Laborthermometer $\vartheta_R = (23 \pm 0,2)°C$.

Am Quecksilber- Barometer wird zur Bestimmung des vorherrschenden Luftdrucks im Raum die Höhe der Hg- Säule mit $h_{hg} = 71, 47$ cm abgelesen.

Der Luftdruck ließe sich aus dem Schweredruck in Gasen[22]

$$p_{Luft} = \rho_{Hg} \cdot g_{Mü} \cdot h_{hg} \tag{4.1}$$

ableiten.

Dies ist aber nicht direkt möglich, da Quecksilber (Hg) ein temperaturabhängiger Stoff ist, der seine Dichte und folglich sein Volumen ändert. Diese Abhängigkeit von der Temperatur lässt sich mit(4.2) berücksichtigen[23] :

$$\rho_{Hg}(\vartheta) = \frac{\rho_0}{1+\gamma \cdot \vartheta} = \frac{13595,1 \frac{kg}{m^3}}{1 + 1,819 \cdot \frac{10^{-4}}{1°C} \cdot 23°C} = \rho_{Hg}(23°C) = 13538,459 \text{ kg/m}^3 \tag{4.2}$$

Damit ändert sich die Hg- Dichte auf den Wert $\rho_{Hg}(23°C) = 13538,459 \frac{kg}{m^3}$.
Zudem ist zu berücksichtigen, dass die abgelesene Höhe h_{Hg} nicht der tatsächlichen entspricht, denn das Barometer im Labor ist auf 20°C geeicht und somit rechnet man die entsprechende Höhe h_{ho} mit dem Einfluss der Quecksilberdichte $\rho_{Hg}(23°C)$ und der logischen Herleitung aus :

$$h_0(0°C) = \frac{\rho_{Hg}(23°C)}{\rho_{Hg}(0°C)} \cdot h_{Hg} = \frac{13538,459 \ kg/m^3}{13595,1 \ kg/m^3} \cdot 71,47cm = 71,172 \text{ cm} \tag{4.3}$$

Es errechnet sich eine korrigierte Höhe von $h_0 = 71, 172$ cm.

Den in der Formeln (4.2) verwendeten Hg- Volumenausdehnungskoeffizienten γ sowie die Hg- Dichte bei 0°C und Normaldruck entnimmt man den PK. Ebenso die Fallbeschleunigung $g_{Mü}$ aus (4.1) und ρ_0 .

Setzt man den Wert von h_0 als Substitut für h_{Hg} in die Fomel (4.1) ein, so ergibt sich ein vorherrschender Luftdruck p_0 von :

$$p_0 = 13595,1 \frac{kg}{m^3} \cdot 9, 80733 \frac{m}{s^2} \cdot 0, 71172m = 94894, 789 \text{ Pa} \tag{4.4}$$

Der äquivalente Luftdruck bei 0°C beträgt demzufolge $p_0 = 948, 94789$ hPa .

4.2.3 Berechnung des Partialdrucks von Wasserstoff H_2

Zur später folgenden Berechnung der Stoffmenge und Masse des H_2 – Gases, muss der Partialdruck des Wasserstoffs berechnet werden. Im Hofmannschen Apparat enstehen als chemische Reaktionsprodukte über der Flüssigkeit die Gase H_2 und O_2 . Das physikalische Grundwissen lehrt uns, dass sich ein stromdurchflossener Leiter, hier die Natriumsulfat-Lösung, erwärmt. Das Wasser verdunstet bzw. verdampft teilweise. Im Glasgefäß befindet sich ergo

zudem gesättigter Wasserdampf, der einen Druck p_s auf das System ausübt. Dieser Partialdruck p_s wird als Sättigungsdampfdruck bezeichnet und beschreibt in einem Druck-Temperatur-Diagramm eine Exponentialfunktion. Je höher die Temperatur in einem Gefäß ist, umso rapider steigt der Sättigungsdampfdruck an. Grund hierfür ist die steigende Anzahl an energiereicheren Molekülen, welche dann das Wasser „verlassen" können.

Der vorherrschende Gesamtdruck p im System setzt sich demzufolge aus den verschiedenen Partialdrucken zusammen[24] :

$$p = \sum_{i=1}^{N} p_i \qquad (4.5)$$

Das bedeutet übertragen auf das Experiment Elektrolyse :

$$p_{Messrohr} = p_{H2} + p_s \qquad (4.6)$$

Dabei setzt sich der Partialdruck des gesättigten Wasserdampfs laut Mollier – Diagramm aus $p_s = 0{,}9 \cdot p_w$ zusammen. Den Sättigungsdampfdruck über reinem Wasser p_w entnimmt man einem Tabellenwerk[25]. Bei einer Raumtemperatur von 23°C beträgt $p_w = 0{,}02816$ bar .

Stellt man die Gleichung (4.6) nach p_{H2} um und setzt für p_s die oben genannte Beziehung ein, so kann man den Partialdruck des Wasserstoffs berechnen :

$$p_{H2} = p_{Luft} - p_s = p_{Luft} - 0{,}9 \cdot p_w$$

$$\qquad (4.7)$$

$$= 948{,}948 \text{ hPa} - 0{,}9 \cdot 28{,}06 \text{ hPa} = 923{,}694 \text{ hPa}$$

Der Partialdruck des Wasserstoffs p_{H2} entspricht im Versuch $923{,}694$ hPa .

4.2.4 Berechnung der Stoffmenge n und der Masse des erzeugten Wasserstoffes m

Im Kapitel 2.3 wird die Spaltung des Wassers (H_2O) beschrieben. Nachdem der Partialdruck des Wasserstoffs ermittelt worden ist, lassen sich die Stoffmenge und die Masse des durch die Elektrolyse erzeugten Gases H_2 mathematisch bestimmen. Es wird gemäß (2.5) ein Wasserstoff zu Sauerstoff Verhältnis von 2 : 1 erwartet. Tatsächlich an der Skala des Messrohres abgelesen hat man die in Tab 1 gelisteten Werte:

Tab 1 : Gasvolumina

	Kathodenseite	Anodenseite
Wasserstoffvolumen	23,1 ml	22,8 ml
Sauerstoffvolumen	11,6 ml	11,6 ml
	+ Wasserdampfvolumen	+ Wasserdampfvolumen
Verhältnis $H_2 : O_2$	1,991 : 1	1,966 : 1

Mit Kathoden- und Anodenseite ist die Ausrichtung des Ausgleichsgefäßes, wie in 4.1 beschrieben, gemeint. Für alle nachstehenden Rechnungen wird als Resultat der Tabelle der Wert $V_{H2} = 23{,}1$ ml verwendet.

Mithilfe der Zustandsgleichung für ideale Gase[26] kann man nun die Stoffmenge n_{H2} und anschließend die Masse m_{H2} des Wasserstoffs ermitteln(R siehe PK) :

	(4.8)
$$p \cdot V = n \cdot R \cdot T$$	
V : Gasvolumen R : allgemeine Gaskonstante	
T : absolute Temperatur des Gases p : Druck des Gases	

Die Gleichung wird so transformiert, dass man die Stoffmenge n_{H2} durch die anderen Größen ausdrücken kann. Für das Volumen setzt man dann V_{H2} ein, für den Druck des Gases p_{H2} und zuletzt die Raumtemperatur ϑ_R = 296,15 K . Es ergibt sich die Gleichung :

$$n_{H2} = \frac{p_{H2} \cdot V_{H2}}{R \cdot \vartheta_R} = \frac{923{,}694\,hPa \cdot 23{,}1\,ml}{8{,}31447\frac{J}{mol \cdot K} \cdot 296{,}15\,K} = 8{,}667 \cdot 10^{-4}\ mol \qquad (4.9)$$

Die in diesem Versuch hergestellte Stoffmenge des Wasserstoffs betrug n_{H2} = 8,667 · 10^{-4} mol .

Nun kommt man zu der Bestimmung der Masse m_{H2} des H_2 - Gases. Dazu bedarf es der Kenntnis über die molare Masse M_{H2} des Wasserstoffs. Diese kann man den PK entnehmen.
Sie setzt sich aus der Multiplikation der Anzahl an Molekülen von H_2 , also 2, sowie der Masse eines H- Atoms gemäß PK zusammen. Mit der Kenntnis über die „ Masse eines abgeschiedenen Gases"[27] gemäß der Formel (2.9) und auflösen nach der Masse m_{H2} des entstandenen Wasserstoffgases, ergibt sich :

$$m_{H2} = n_{H2} \cdot M_{H2} = 8{,}667 \cdot 10^{-4}\ mol \cdot 2{,}016\frac{g}{mol} = 1{,}747\ mg \qquad (4.10)$$

Für die Bestimmung des elektrochemischen Äquivalents benützt man n_{H2} und m_{H2} .

Eine kurze Zusammenfassung der bereits berechneten Zahlenwerte und Größen :

Tab 2 : Zusammenfassung Zahlenwerte

Bezeichnung	Symbol	Zahlenwert
Transportierte Ladung	Q_{Ges}	162, 405 C
Gesamtdauer des Versuchs	T_{Ges}	1740 s
Luftdruck	P_0	948, 94789 hPa
Partialdruck Wasserstoff	P_{H2}	923, 694 hPa
Stoffmenge Wasserstoff	n_{H2}	$8{,}667 \cdot 10^{-4}$ mol
Masse Wasserstoff H_2	m_{H2}	1, 747 mg

5   Elektrochemisches Äquivalent Ä und die Faraday-Konstante F

5.1   Theoretische Berechnung

5.1.1   Elektrochemisches Äquivalent A

In den physikalischen Grundlagen dieser Ausarbeitung findet man das 2. FARADAYsche Gesetz und die Formel (2.11). Es ergibt sich folgende Gleichung für das elektrochemische Äquivalent:

$$\ddot{A} = \frac{m}{Q} = \frac{m_M}{z \cdot e} \tag{5.1}$$

Unter Verwendung der *Molekülmasse*[28] $m_M = \frac{m}{N_A}$ ergibt sich die Gleichung (5.1) zu

$$\ddot{A} = \frac{M}{z \cdot e \cdot N_A} \tag{5.2}$$

Für das zweiwertige (z = 2) Wasserstoffmolekül setzt man nun die Naturkonstanten aus den PK ein und errechnet für das elektrochemische Äquivalent nachstehenden Zahlenwert :

$$\ddot{A} = \frac{M_{H2}}{z \cdot N_A \cdot e} = \frac{2{,}016 \frac{g}{mol}}{2 \cdot 1{,}602177 \cdot 10^{-19} As \cdot 6{,}022134 \cdot 10^{23} \frac{1}{mol}} = 1{,}0446 \cdot 10^{-2} \frac{mg}{As} \tag{5.3}$$

Der theoretisch errechnete Wert beträgt für das elektrochem. Äquivalent $\ddot{A} = 1{,}0446 \cdot 10^{-2} \frac{mg}{As}$.

5.1.2   Faraday-Konstante F

Wirft man einen Blick in ein chemisches Lehrbuch (siehe PK), so errechnet sich die Faraday – Konstante aus der Multiplikation der Naturkonstanten N_A und der Elementarladung e wie folgt:

$$F = N_A \cdot e = 6{,}022142 \cdot 10^{23} \, mol^{-1} \cdot 1{,}6021765 \cdot 10^{-19} \, C = 96489{,}6698 \frac{As}{mol} \tag{5.4}$$

Die Farady-Konstante entspricht in Folge der Naturkonstanten einem Zahlenwert von $9{,}6489 \cdot 10^{4} \frac{As}{mol}$.

5.2   Berechnung anhand der Messwerte

5.2.1   Elektrochemisches Äquivalent A

Im Folgenden bezieht man sich auf die FARADAYschen Gesetzte aus dem Kapitel 2.4 .

Zum Bestimmen des elektrochemischen Äquivalents aus den protokollierten Messdaten wendet man das 1. FARADAYsche Gesetz gemäß (2.8) an. Dazu werden die in Tab 2 zusammengeführten Ergebnisse für die Gesamtladung Q_{Ges} und die Masse des Wasserstoffgases m_{H2} verwendet :

$$\ddot{A} = \frac{m_{H2}}{Q_{Ges}} = \frac{1{,}747 \, mg}{162{,}405 \, C} = 0{,}0108 \frac{mg}{As} \tag{5.5}$$

Unter Einbeziehung der Messunsicherheiten (siehe Kapitel 7) ist das elektrochemische Äquivalent von Wasserstoff im Experiment $\ddot{A} = 1{,}080 \cdot 10^{-2} \frac{mg}{As}$.

5.2.2   Faraday-Konstante F

Das zweite Faradaysche Gesetz (2.13) bezieht die im Versuch geflossene Ladung Q_{Ges} auf die Stoffmenge des elektrolytisch erzeugten Gases. Das gasförmige H – Atom befindet sich in der

1. Hauptgruppe des Periodensystems der Elemente, was bedeutet, dass es zwei einwertige Ionen zum Ladungstransport zur Verfügung stellen kann (z = 2) :

$$F = \frac{Q_{Ges}}{z \cdot n_{H2}} = \frac{162,405\ C}{2 \cdot 8,667 \cdot 10^{-7}\ mol} = 93691,59\ \frac{As}{mol} \tag{5.6}$$

Die experimentell ermittelte Faraday- Konstante hat den Wert $9,3692 \cdot 10^4\ \frac{As}{mol}$.

6 Energetischer Wirkungsgrad im physikalischen Praktikum

6.1 Berechnung des energetischen Wirkungsgrads

Allgemein bestimmt man den Wirkungsgrad eines Systems aus dem Verhältnis nutzbarer bzw. erzeugter Leistung, d.h. Output, zu erbrachter Leistung, dem Input. Mathematisch ist das folgendermaßen erfasst[29] :

$$\eta = \frac{P_{ab}}{P_{zu}} = \frac{W_{ab}}{W_{zu}} \tag{6.1}$$

Die erbrachte Leistung P_{zu} im Versuch lässt sich als elektrische Arbeit darstellen $W_{El}(t)$[30]. Die Versuchsdauer t= 1740s wird mit der am Netzgerät anliegenden Gleichspannung U = 30 V und dem Mittelwert des Stroms (siehe Anhang) $\bar{I} = 91,75$ mA in (6.2) eingesetzt :

$$W_{El}(t) = \int_0^{1740s} U(\tau) * I(\tau)dt = 1740s \cdot 30\ V \cdot 91,75\ mA = 4,789\ kJ \tag{6.2}$$

$$\tau : \text{Integrationszeit}$$

Die im Laufe des Experiments zugeführte Arbeit war 4, 789 kJ .

Unter Verwendung des oberen Heizwertes für Wasserstoff h_o (siehe PK), was den Brennwert des Wasserstoffs widerspiegelt sowie der im Versuch entstandenen Masse des Wasserstoffs m_{H2}, berechnet man die nutzbare Energie[31] wie folgt :

$$E_{ab} = Q_{ab} = h_o \cdot m_{H2} = 141974\ \frac{J}{g} \cdot 1,747\ mg = 0,248\ kJ \tag{6.3}$$

Als nutzbare Energie des Wasserstoffes ergeben sich 0, 248 KJ .

Der energetische Wirkungsgrad kann nun durch Einfügen der Ergebnisse aus (6.2) und (6.3) in (6.1) wie folgt interpretiert werden :

$$\eta = \frac{Q_{ab}}{W_{El}(t)} = \frac{0,248\ kJ}{4,789\ kJ} = 0,052 \tag{6.4}$$

Der Wirkungsgrad der Elektrolyse einer Natriumsulfatlösung war mit dem in Kapitel 3 beschriebenen Versuchsaufbau 5, 2 % .

In aller Munde ist heutzutage aber das Thema Brennstoffzelle und Hybrid – Fahrzeuge. Ein rational denkender Mensch darf sich nun berechtigterweise fragen, weshalb man bei einem so geringen Wirkungsgrad überhaupt an eine Alternative zu fossilen Brennstoffen denkt. Die Antwort hierauf ist, dass man heutzutage sehr wohl Wirkungsgrade bei Wasserelektrolysen von etwa 70 % (siehe [32]) in Brennstoffzellen erreichen kann. Dies hängt vor allem mit einem von diesem Versuch abweichenden Versuchsaufbau ab. Die wichtigsten Abweichungen sind (Argumentationen als Ergebnis der Quelle[33]) :

- Betriebstemperatur und Elektrolytkonzentration
- Widerstand der Elektrolysezelle
- Verwendung diverser Elektrolyte

Hohe Wirkungsgrade können dann erzielt werden, wenn Betriebstemperaturen um die 80°C vorliegen. Im Physikalischen Praktikum war die maximale Betriebstemperatur im Hofmannschen Apparat ca. 28°C . Je höher die Temperatur ist, desto besser lösen sich die Stoffe in der Flüssigkeit und fördern den Stromfluss. Die Anzahl, d.h. die Konzentration des Elektrolyts spielt ebenfalls eine entscheidende Rolle. Im Versuch wurden nur wenige Tropfen Natriumsulfat einem destillierten Wasser zugefügt. Moderne Aufbauten arbeiten aber mit Konzentrationen von Elektrolyten um die 30% im destillierten Wasser (siehe Kap. 2.2) . Desweiteren ist der Widerstand der Elektrolysezelle im Versuch relativ hoch (näheres im Fazit). Heutzutage wird zur Erzeugung von Sauerstoff und Wasserstoff in erster Linie kein Natriumsulfat verwendet, sondern beispielsweise Kaliumhydroxid.

6.2   Fazit

Das Zeitalter der Atomkraftwerke ist in Deutschland bald Geschichte. Die Regierung sowie alle größeren Energiekonzerne versuchen hierzulande alternative und regenerative Energien zu finden, die sowohl umweltfreundlich als auch wirtschaftlich nutzbar sind. Dabei ist auch der Wasserstoff als Energiespeicher in der Diskussion. Die „H_2 – Patent GmbH"[34] stellte dieses Jahr Herrn Philipp Rösler ein Konzept vor, dass die derzeitigen Umwelt- und Klimaproblemen lösen soll und als alternativ - regenerative Energie H_2 einbindet, welches die fossilen Brennstoffe und atomare Energie sogar in den Schatten seiner selbst zu stellen vermag.

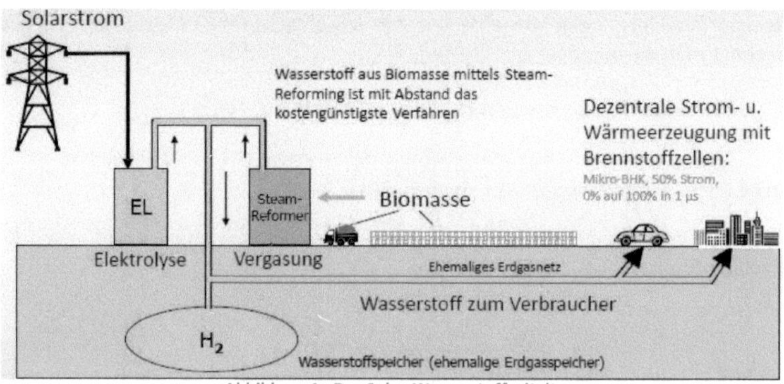

Abbildung A : Das Solar-Wasserstoffzeitalter

Die Ansätze für Lösungen sind u.a. die Konservierung des Wasserstoffs als Stromspeicher in Batterien, in Druckluftspeichern und ehemaligen Erdgasspeichern. Dazu sollen die bereits

vorhandenen Infrastrukturen für Erdgas/Erdöl umfunktioniert werden, indem sie zu Wärmenetzten und ein „intelligentes Stromnetz" (Verbraucher- und Abschaltsteuerung etc.) mutieren. Bestehende Projekte, wie u.a. „ desertec"[35] erweisen sich dabei als zu kostspielig, als dass sie in den nächsten Jahrzehnten tatsächlich als eine Alternative angesehen werden könnten. Die „H_2 –Patent GmbH" präsentiert einen Lösungsansatz mit der „Installation einer biobasierten Wasserstoffwirtschaft"[36] , welche „verstärkte Nutzung von Wasserstoff als universeller Energieträger ermöglicht, sichere, nachhaltige und kostengünstige Energielieferung ´just-in-time´"[37] anbietet. Die obenstehende Grafik A soll dies kurz veranschaulichen.

Die Gesellschaft prognostiziert eine „Effizienzsteigerung um den Faktor 4"[38] und setzt auf Biomasse die in derzeit stillgelegten Fabriken verarbeitet und in Brennstoffzellen zu wertvollem H_2-Gas konvertiert wird. Dieses Konzept soll durch intelligente und effiziente Nutzung bereits vorhandener Ressourcen auch keine Unsummen verschlingen, sondern schon bald Großstädte mit sauberer Wärme, Treibstoffen und Strom komplett versorgen können.

Die Elektrolyse von Wasser und die damit verbundene Entstehung des Wasserstoffgases H_2 ist also deutlich mehr als nur eine Möglichkeit, Atomwerke und fossile Brennstoffe zu ersetzen. Das Physikalische Praktikum hat den Studierenden somit erste, wertvolle Eindrücke vermittelt, wohin die Reise in der Zukunft gehen könnte und zudem einen wichtigen Bezug des physikalischen Theoriewissens mit der Realität hergestellt.

7   Auswertung der Messunsicherheiten

7.1   Ladung Q_{Ges}

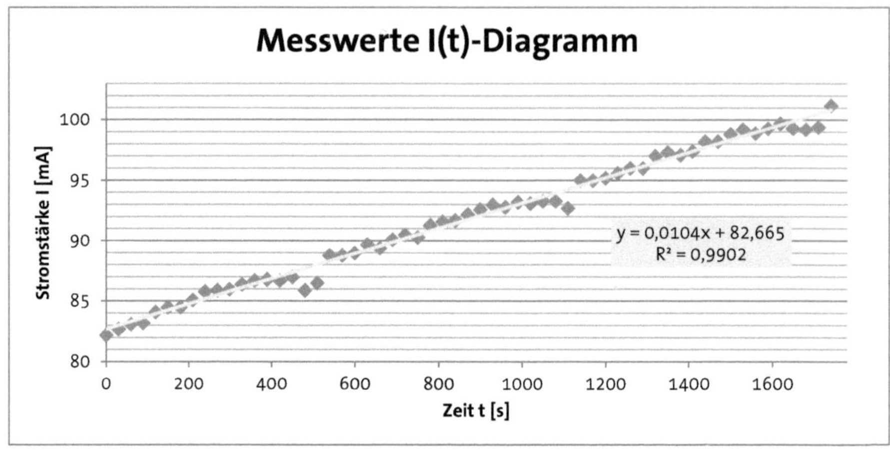

Diagramm 2 : Streuungsdiagramm

Im obenstehenden Streuungsdiagramm sind die einzelnen Messungen (orange Rauten) der elektrischen Stromstärke im Zeitintervall Δt = 30s veranschaulicht. Die Regressionsgerade y (gelb dargestellt) wird mithilfe der einfachen linearen Regression[39] bestimmt :

$$y = b_0 + b_1 \cdot x \qquad (7.1)$$

Die n = 58 Residuen der Form (t_i , I_i) erzeugen eine Regressionsgerade, deren Gleichung im Diagramm 2 hinterlegt ist. Das Bestimmtheitsmaß der Auswertung ist B = 0, 9902 . Mithilfe der Formel für das korrigierte Bestimmtheitsmaß[40] ergibt sich (mit B = R^2):

$$R^2_{adj} = R^2 - \frac{1}{n-2} * (1 - R^2) = 0,9902 - \frac{1}{58-2} * (1 - 0,9902) = 0,9900 \qquad (7.2)$$

Man kann anhand des korrigierten Bestimmtheitsmaßes R^2_{adj} = 0,99 im untersuchten Bereich eine sehr gute Approximation der Messwerte an die Gerade y unterstellen.

Abschätzung der Ungenauigkeiten :

Der Mittelwert des elektr. Stroms ist $\bar{I}$ = 91,75 mA bei einem Fehler am Netzgerät von $\pm$ 0,1 mA . Zudem werden keine Momentanwerte des Stromes I aufgenommen, sondern unterstellt, dass die Stromstärke in dem Zeitintervall Δt = 30 s konstant ist. Hierfür wird ein zusätzlicher Fehler von $\pm$ 1,5 mA , auf die gesamte Messdauer bezogen, abgeschätzt.

Somit ist die Messunsicherheit des Stromes $\Delta I = \pm 1,6$ mA.
Der Strom lässt sich schließlich darstellen als $I = (91,75 \pm 1,6)$ mA.

Die Unsicherheit der Zeitmessung per Stoppuhr, innerhalb eines Zeitintervalls, wird mit 0,5 s abgeschätzt, was dem Ablesen der Uhr und Notieren in kurzer Folge anzulasten ist.

Somit ist der Fehler durch Zeitmessung $\Delta t = \pm 0,5$ s.
Gemäß der Praktikumsanleitung darf zum Bestimmen der maximalen Unsicherheiten ein vereinfachter Ansatz hergenommen werden. Damit berechnet sich die Messunsicherheit der Ladung wie folgt:

$$\frac{\Delta Q}{Q} = \frac{\Delta I}{I} + \frac{\Delta t}{t} = \frac{1,6\,mA}{91,75\,mA} + \frac{0,5\,s}{30\,s} = 0,0341$$

Die Messunsicherheit der gesamten Ladung Q_{Ges} bewegt sich im Bereich von 3, 41 %.

Damit ist die Ladung $Q_{Ges} = (162, 405 \pm 5,538)$ C.

7.2 Stoffmenge n_{H2} und die Masse m_{H2}

Im Kapitel 4.2.4 wird die Stoffmenge des Wasserstoffs n_{H2} mithilfe der Formel (4.8) berechnet.

Das Resultat für n_{H2} wird jedoch von Einflussgrößen wie den Partialdruck des Wasserstoffs p_{H2}, dem abgelesenen Wasserstoff – Gasvolumen V_{H2} sowie der Temperaturschwankungen im Raum und im Hofmannschen Apparat beeinflusst.

Der Ablesefehler der Skala am Messrohr zur Bestimmung der elektrolytisch abgeschiedenen Gasvolumina beträgt die Breite von 3 Teilstrichen, was $\Delta V_{H2} = \pm 0,3\,ml$ bedeutet. Diese großzügige Abschätzung hat als Grund die Bildung einer Art Schaum oberhalb der Flüssigkeitsspiegel und die Oberflächenspannung der Flüssigkeit, welche sich in einer Krümmung äußert.

Im Vergleich dazu ist der relative Fehler am Strommessgerät bei der Zeitmessung vernachlässigbar klein. Dies wird klar , wenn man eine Ungenauigkeit von 1 s auf die gesamte Messdauer abschätzt. Das würde bei dem entstandenen H_2 - Gasvolumen bedeuten, dass ein Unsicherheit von $\frac{23,1\,mol}{1740\,s} = 0,0133\,\frac{mol}{s}$ besteht. Nach der Standardabweichung s_x (siehe [41])

$$s_x = \sqrt{\frac{1}{n-1} \cdot \sum_{i=1}^{n} (x_i - \bar{x})^2} \qquad \begin{array}{l} n = \text{Anzahl Messwerte} \\ \bar{x} = \text{Mittelwert der Messreihe} \end{array} \qquad (7.3)$$

addieren sich die Ungenauigkeiten (x_i) quadratisch unter der Wurzel. Der Ablesefehler der Skala ginge hier mit einer Unsicherheit von $\Delta V = \frac{0,3\,ml}{23,1\,ml} = 1,3\%$ ein, wohingegen der Zeitfehler mit $\Delta t = \frac{1\,s}{1740\,s} = 0,057\%$ einginge.

Demnach ist die Unsicherheit bei der Stoffmenge n_{H2} :

$$\frac{\Delta n_{H2}}{n_{H2}} = \frac{\Delta m_{H2}}{m_{H2}} = \frac{\Delta p_{H2}}{p_{H2}} + \frac{\Delta V_{H2}}{V_{H2}} + \frac{\Delta \vartheta_R}{\vartheta_R} \qquad (7.4)$$

Für die Unsicherheit des Partialdrucks p_{H2} wird der Ablesefehler am Hg –Barometer verwendet, welcher $\Delta h_{hg} = \pm 2mm$ ist.

$$\frac{\Delta n_{H2}}{n_{H2}} = \frac{\Delta m_{H2}}{m_{H2}} = \frac{2\ mm}{714{,}7\ mm} + \frac{0{,}3\ ml}{23{,}1\ ml} + \frac{0{,}2°C}{23°C} = 0{,}0245$$

Somit ist das Messergebnis für die Stoffmenge n_{H2} und die Masse m_{H2} mit einer Unsicherheit von 2,45% wie folgt anzugeben :

$$n_{H2} = (8{,}667 \pm 0{,}212) \cdot 10^{-4}\ mol$$

$$m_{H2} = (1{,}747 \pm 0{,}043)\ mg$$

7.3　Elektrochemische Äquivalent Ä und die Faraday-Konstante F

Mit dem Resultat aus 7.2 kann man nun unter Einbeziehung der Formeln (2.11) und (2.14) die maximalen Unsicherheiten von Ä und F berechnen :

$$\frac{\Delta \ddot{A}}{\ddot{A}} = \frac{\Delta F}{F} = \frac{\Delta m_{H2}}{m_{H2}} + \frac{\Delta Q_{Ges}}{Q_{Ges}} = 2{,}45\% + 3{,}41\% = 5{,}86\%$$

Damit stellt man einen Vergleich zwischen Literaturwerten und berechneten Zahlenwerten her :

Symbol	Aus Versuchsdaten	Theoretisch ermittelbar	Messunsicherheit	Abweichung
Ä	$1{,}080 \cdot 10^{-2}$ mg/As	$1{,}0446 \cdot 10^{-2}$ mg/As	$6{,}33 \cdot 10^{-4}$ mg/As	$+ 0{,}0354 \cdot 10^{-2}$ mg/As
F	$9{,}3692 \cdot 10^{4}$ As/mol	$9{,}6489 \cdot 10^{4}$ As/mol	$0{,}55 \cdot 10^{4}$ As/mol	$- 0{,}2793 \cdot 10^{4}$ As/mol

Die Messreihe kann aufgrund der relativ geringen Abweichungen als Erfolg gewertet werden.

8 Anhang

8.1 Bestimmen der gesamten Ladung als Summe der Einzelladungen

Tabelle b : Einzelladungen

Nr.[i]	Zeitwert t [s]	Stromwert I [mA]	Ladung Q [mAs]
1	0	82,2	2466
2	30	82,7	2481
3	60	83,1	2493
4	90	83,2	2496
5	120	84,1	2523
6	150	84,5	2535
7	180	84,5	2535
8	210	85,1	2553
9	240	85,8	2574
10	270	85,9	2577
11	300	86	2580
12	330	86,4	2592
13	360	86,7	2601
14	390	86,8	2604
15	420	86,7	2601
16	450	87	2610
17	480	85,9	2577
18	510	86,5	2595
19	540	88,8	2664
20	570	88,8	2664
21	600	89	2670
22	630	89,7	2691
23	660	89,4	2682
24	690	90,1	2703
25	720	90,5	2715
26	750	90,3	2709
27	780	91,3	2739
28	810	91,6	2748
29	840	91,7	2751
30	870	92,2	2766
31	900	92,6	2778
32	930	93	2790
33	960	92,8	2784
34	990	93,2	2796
35	1020	93,1	2793
36	1050	93,3	2799
37	1080	93,3	2799
38	1110	92,7	2781

39	1140	95	2850
40	1170	95	2850
41	1200	95,2	2856
42	1230	95,6	2868
43	1260	96	2880
44	1290	96	2880
45	1320	97	2910
46	1350	97,3	2919
47	1380	97,1	2913
48	1410	97,4	2922
49	1440	98,2	2946
50	1470	98,2	2946
51	1500	98,8	2964
52	1530	99,2	2976
53	1560	98,9	2967
54	1590	99,3	2979
55	1620	99,7	2991
56	1650	99,3	2979
57	1680	99,2	2976
58	1710	99,4	2982
59	1740	101,2	3036

Die Gesamtladung ist $Q_{Ges} = \sum_{i=1}^{59} Q_i = 162405$ mAs .

8.2 Berechnung der Siedetemperatur ϑ_S im physikalischen Praktikum

Nach Bestimmung des äquivalenten Luftdrucks p_0 bei 0°C gemäß (4.4) und unter Einbeziehung der in der Versuchsanleitung angeführten Werte für $p_{s,0}$ sowie β berechnet sich die Siedetemperatur von Wasser ϑ_s gemäß nachfolgender Exponentialfunktion (aus Anleitung, in Anlehnung an das Phasendiagramm von Wasser) :

$$p_s = p_{s,0} \cdot e^{\beta\vartheta_s} \qquad (8.1)$$

$$p_{s,0} = (25{,}813 \pm 0{,}076)\ m\ bar \qquad\qquad \beta = (0{,}036712 \pm 0{,}000031)/\ 1°C$$

Für den Luftdruck p_s in (8.1) wird der Luftdruck p_0 eingesetzt. Zunächst werden die Abweichungen nicht beachtet :

$$94894{,}789\ \text{Pa} = 25{,}813\ \text{mbar} \cdot e^{\frac{0{,}036712 \cdot \vartheta_S}{1°C}}$$

Die Gleichung wird durch zunächst auf die Form

$$\frac{948{,}94789\ mbar}{25{,}813\ mbar} = e^{\frac{0{,}036712 \cdot \vartheta_s}{1°C}}$$

Physik-Praktikum
Elektrolyse – Hofmannscher Apparat | Dominik Di Vincenzo

gebracht. Anschliessend wird auf beiden Seiten der Gleichung der Logarithmus angewendet und nach der Siedetemperatur ϑ_s aufgelöst :

$$\vartheta_s = \frac{\ln(\frac{948{,}9478\ mbar}{25{,}813\ mbar})}{0{,}036712} \cdot 1°C = 98,18°C$$

Dieses Resultat wird nun durch die Rechnung der maximalen Messunsicherheiten unter Berücksichtigung der in (8.1) angegebenen Werte ergänzt. Dazu kommt die durch das Ablesen der Höhe der Quecksilbersäule an der Nonius- Skala des Hg- Barometers entstandene Ungenauigkeit Δh_{Hg} von schätzungsweise 2mm. Zusätzlich schwankt die Raumtemperatur des Labors um 0,2 °C, welches mit $\Delta\vartheta_R$ berücksichtigt wird. Es wird wie in Kapitel 7 erwähnt ein vereinfachter Ansatz angewandt :

$$\frac{\Delta\vartheta_s}{\vartheta_s} = \frac{\Delta p_{s,0}}{p_{s,0}} + \frac{\Delta\beta}{\beta} + \frac{\Delta h_{Hg}}{h_{Hg}} + \frac{\Delta\vartheta_R}{\vartheta_R} = \frac{0{,}076\ mbar}{25{,}813\ mbar} + \frac{0{,}000031\ \frac{1}{°C}}{0{,}036712\ \frac{1}{°C}} + \frac{2\ mm}{714{,}7\ mm} +$$

$$\frac{0{,}2°C}{23°C} == 0{,}0153$$

Damit kann man die Siedetemperatur des Wassers mit einem relativen Fehler von 1, 53% angeben und entspricht den Erwartungen an ein destilliertes Wassers, das Mineralstoffe entbehrt und somit potentielle zusätzliche Ionen für den Stromtransport.

$$\vartheta_s = (98,18 \pm 1,50)°C$$

8.3 Berechnung des Mittelwerts der elektrischen Stromstärke $\bar{I}$

Im Kapitel 6 wird zur Berechnung der elektrischen Leistung ein Mittelwert der elektrischen Stromstärke I im Versuch benötigt. Dieser wird aus den n = 59 Messwerten und den jeweiligen Stromstärken aus der Tabelle a, mithilfe des „Mittelwerts einer Meßreihe" [42] , gebildet:

$$\bar{I} = \frac{1}{59} \cdot \sum_{i=1}^{59} I_i = \frac{1}{59} \cdot 5413{,}5\ mA = 91{,}75\ mA \tag{8.2}$$

Der Mittelwert der elektrischen Stromstärke $\bar{I} = 91,75$ mA .

9 Eidesstaatliche Erklärung

Hiermit erkläre ich gemäß § 31 Abs. 7 der Rahmenprüfungsordnung an Eides statt, dass ich die vorliegende Arbeit selbstständig verfasst, noch nicht anderweitig für Prüfungszwecke vorgelegt, keine anderen als die angegebenen Quellen und Hilfsmittel benützt sowie wörtliche und sinngemäße Zitate als solche gekennzeichnet habe.

München, den _________________ Unterschrift _____________________

10 Literaturverzeichnis

[1] Paul Dobrinski, Gunter Krakau, Anselm Vogel., Physik für Ingenieure–1997, 9. Aufl., B.G.Teubner, Wiesbaden 1993, Seite 715

[2] Paul Dobrinski, Gunter Krakau, Anselm Vogel., Physik für Ingenieure–1997, 9. Aufl., B.G.Teubner, Wiesbaden 1993, Seite 280

[3] Charles E.Mortimer : Chemie (Das Basiswissen der Chemie), 6.völlig neuberarbeitete und erweiterte Aufl. 1996 Stuttgart/New York, Seite 353

[4] Paul Dobrinski, Gunter Krakau, Anselm Vogel., Physik für Ingenieure–1997, 9. Aufl., B.G.Teubner, Wiesbaden 1993, Seite 279

[5] Heribert Stroppe : Physik für Studenten der Natur- und Ingenieurwissenschaften, 13.Aufl. 2005 Carl Hanser Verlag München Wien, Seite 240ff

[6] Helmut Lindner, Physik für Ingenieure-2003, 16.,verb.Aufl., Carl Hanser Verlag München Wien, 2001/2003, Seite 623

[7] Charles E.Motimer, Ulrich Müller, Chemie-2010, 10.Aufl., Georg Thieme Verlag KG, Würzburg 2010, Seite 360

[8] Charles E.Motimer, Ulrich Müller, Chemie-2010, 10.Aufl., Georg Thieme Verlag KG, Würzburg 2010, Seite 360

[9] Heribert Stroppe : Physik für Studenten der Natur- und Ingenieurwissenschaften, 13.Aufl. 2005 Carl Hanser Verlag München Wien, Seite 240

[10] Paul Dobrinski, Gunter Krakau, Anselm Vogel :Physik für Ingenieure, 10., überarb.Aufl. 2003 Wiesbaden, S.278

[11] Heribert Stroppe : Physik für Studenten der Natur- und Ingenieurwissenschaften, 13.Aufl. 2005 Carl Hanser Verlag München Wien, Seite 240

[12] Michael Faraday: Experimental Researches in Electricity, http://www.gutenberg.org/files/14986/14986-h/14986-h.htm

[13] Heribert Stroppe : Physik für Studenten der Natur- und Ingenieurwissenschaften, 13.Aufl. 2005 Carl Hanser Verlag München Wien, Seite 229 ff

[14] Helmut Lindner, Physik für Ingenieure-2003, 16.,verb.Aufl., Carl Hanser Verlag München Wien, 2001/2003, Seite 623

[15] Helmut Lindner, Physik für Ingenieure-2003, 16.,verb.Aufl., Carl Hanser Verlag München Wien, 2001/2003, Seite 288f

[16] Paul Dobrinski, Gunter Krakau, Anselm Vogel., Physik für Ingenieure–1997, 9. Aufl., B.G.Teubner, Wiesbaden 1993, Seite 282

[17] Helmut Lindner, Physik für Ingenieure-2003, 16.,verb.Aufl., Carl Hanser Verlag München Wien, 2001/2003, Seite 623

[18] Paul Dobrinski, Gunter Krakau, Anselm Vogel., Physik für Ingenieure–1997, 9. Aufl., B.G.Teubner, Wiesbaden 1993, Seite 282

[19] Paul Dobrinski, Gunter Krakau, Anselm Vogel., Physik für Ingenieure–1997, 9. Aufl., B.G.Teubner, Wiesbaden 1993, Seite 282

[20] Helmut Lindner, Physik für Ingenieure-2003, 16.,verb.Aufl., Carl Hanser Verlag München Wien, 2001/2003, Seite 622

[21] Helmut Lindner, Physik für Ingenieure,16.Aufl.,Carl Hanser Verlag München Wien, 2001/2003, S.152

[22] Helmut Lindner, Physik für Ingenieure-2003, 16.,verb.Aufl., Carl Hanser Verlag München Wien, 2001/2003, Seite 154

[23] Helmut Lindner, Physik für Ingenieure-2003, 16.,verb.Aufl., Carl Hanser Verlag München Wien, 2001/2003, Seite 260

[24] Peter Kurzweil, Bernhard Frenzel, Florian Gebhard, Physik Formelsammlung – 2008, 1. Auflage, GWG

Fachverlage, Wiesbaden 2008, Seite 132

[25] http://www.peter-junglas.de/fh/vorlesungen/thermodynamik2/html/table4.html

[26] Helmut Lindner, Physik für Ingenieure-2003, 16.,verb.Aufl., Carl Hanser Verlag München Wien, 2001/2003, Seite 265

[27] Helmut Lindner, Physik für Ingenieure-2003, 16.,verb.Aufl., Carl Hanser Verlag München Wien, 2001/2003, Seite 266

[28] Helmut Lindner, Physik für Ingenieure-2003, 16.,verb.Aufl., Carl Hanser Verlag München Wien, 2001/2003, Seite 289

[29] Helmut Lindner, Physik für Ingenieure-2003, 16.,verb.Aufl., Carl Hanser Verlag München Wien, 2001/2003, Seite 98

[30] Peter Kurzweil, Bernhard Frenzel, Florian Gebhard, Physik Formelsammlung – 2008, 1. Auflage, GWG Fachverlage, Wiesbaden 2008, Seite 150

[31] Peter Kurzweil, Bernhard Frenzel, Florian Gebhard, Physik Formelsammlung – 2008, 1. Auflage, GWG Fachverlage, Wiesbaden 2008, Seite 150f

[32] Charles E.Motimer, Ulrich Müller, Chemie-2010, 10.Aufl., Georg Thieme Verlag KG, Würzburg 2010, Seite 383

[33] Charles E.Motimer, Ulrich Müller, Chemie-2010, 10.Aufl., Georg Thieme Verlag KG, Würzburg 2010, Seite 357ff

[34] Tetzlaff, Karl-Heinz, Das Wasserstoffzeitalter, http://www.bio-wasserstoff.de/pdf/Leipzig2011_Wirtschaftsrat.pdf, 27.04.2011, Seite 2

[35] Tetzlaff, Karl-Heinz, Das Wasserstoffzeitalter, http://www.bio-wasserstoff.de/pdf/Leipzig2011_Wirtschaftsrat.pdf, 27.04.2011, Seite 5

[36] Tetzlaff, Karl-Heinz, Das Wasserstoffzeitalter, http://www.bio-wasserstoff.de/pdf/Leipzig2011_Wirtschaftsrat.pdf, 27.04.2011, Seite 7

[37] Tetzlaff, Karl-Heinz, Das Wasserstoffzeitalter, http://www.bio-wasserstoff.de/pdf/Leipzig2011_Wirtschaftsrat.pdf, 27.04.2011, Seite 7

[38] Tetzlaff, Karl-Heinz, Das Wasserstoffzeitalter, http://www.bio-wasserstoff.de/pdf/Leipzig2011_Wirtschaftsrat.pdf, 27.04.2011, Seite 15

[39] Prof. Dr. Volker Abel, Datenanalyse, Version2.1 , Hochschule München 2011, Seite71

[40] Prof. Dr. Volker Abel, Datenanalyse, Version2.1 , Hochschule München 2011, Seite75

[41] Helmut Lindner, Physik für Ingenieure-2003, 16.,verb.Aufl., Carl Hanser Verlag München Wien, 2001/2003, Seite 31

[42] Helmut Lindner, Physik für Ingenieure-2003, 16.,verb.Aufl., Carl Hanser Verlag München Wien, 2001/2003, Seite 31

Abbildungsverzeichnis